致讀者：

　　世界上的每個人，都曾經是個嬰兒。各位讀者，你們是否都好奇過，每一個新生命是如何開始的？嬰兒是如何走入媽媽的肚皮？如何離開媽媽的身體進入世界？又或許，你們曾大致學習過生命的起源，但對這個奧妙的過程仍充滿好奇？

　　我們寫這本書，旨在讓小讀者明白一個新生命誕生的過程，了解我們每個人是如何來到這世界的。好，就讓我們沿着人類生命誕生的路，一步步看看這尋常又卻不平凡的旅程。

　　祝大家閱讀愉快！

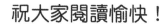

致家長，或每位陪小讀者看此書的大人們：

當有孩子問到生命是如何誕生的，你是否能非常正面、毫不迴避又清晰地回應？

我們相信，每個人都應了解生命的由來、了解生命的神奇。這會令人感到喜悅，知道生命既珍貴又難得，學會珍惜及喜愛自己，也會令家庭更親近。

我們相信，採用直接、正確的名稱及詞語，把性教育及生命的教育視為人生自然的一部份，對兒童的長遠身心發展，最為健康。

也許一些讀者來自非傳統的家庭：單親的、照顧者非父母、寄養家庭等，或帶着不同的障礙來到這世界，但每一個人都曾經是那麼努力、那麼幸運，才可以出生及成長。

這本書就是為了想幫助你把知識及幸福感帶給小讀者而創作的。

這裏就是我們每一個人生命之旅最初的起點，精子和
卵子正在期待相遇的一刻，一起孕育出獨一無二的生命。

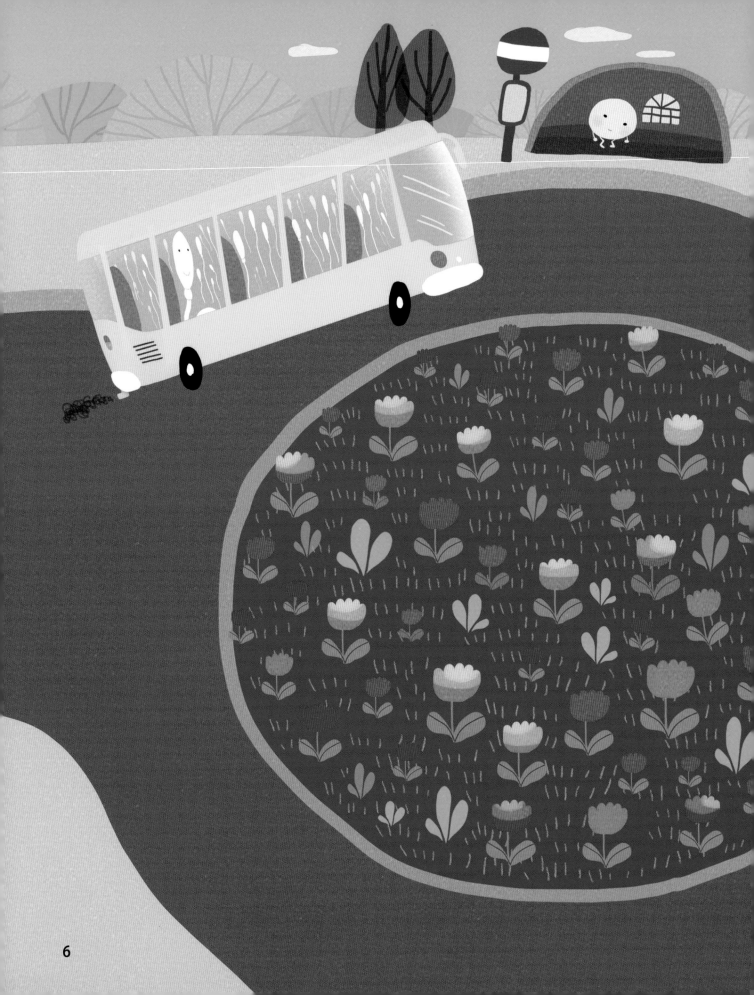

我們的身體

1

認識身體

生命是由爸爸及媽媽的身體來孕育。讓我們來一起認識男性及女性的身體吧。

女性的身體

輸卵管 Fallopian Tube

輸卵管是輸送卵子的管道。精子和卵子相遇及結合，就是發生在輸卵管內。

卵子 Ovum

卵子是球形的，是人體內最大的細胞，直徑約0.1-0.2毫米，光用肉眼都可能會看得到。

卵巢 Ovary

卵巢，就是卵子的家。女性有兩個卵巢，位於子宮的左右兩側。

子宮 Uterus

子宮，就是給還沒有出生的孩「子」住的「宮」殿。

子宮頸 Cervix

子宮頸位於子宮底部，下半部連接陰道。因是子宮較窄的部份，故稱作「頸」。

陰道 Vagina

陰道是一條有彈性的肌肉管道，一端是開口，另一端連接了子宮頸，再上面就是子宮。

女性的身體

輸卵管 Fallopian Tube

　　女性共有一左一右兩條輸卵管，輸卵管一邊與子宮連接，另一邊則像個大的喇叭形狀，排卵時會接住從卵巢出來的卵子。輸卵管內，長有一些細小的纖毛。當卵子進入後，便會被這些纖毛推動向前走往子宮的方向。

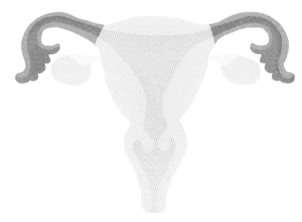

卵子 Ovum

　　圓圓的卵子，裏面有媽媽的遺傳因子，當與爸爸精子內的遺傳因子結合後，便會成為新的細胞組合，再發育成獨一無二的小寶寶。

　　當卵子成熟，便會離開卵巢，進入輸卵管。它的壽命只有約一天。如在輸卵管遇到精子並結合，便有可能成為新生命。而沒有受精的卵子，就會自動分解，被身體吸收。

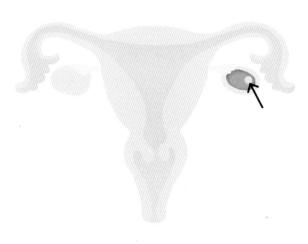

卵巢 Ovary

　　出生時，女嬰的卵巢內就已經有未成熟的卵子（稱為卵泡）。當進入青春期後（發育的一個階段，女孩子一般是10-13歲開始），卵巢便會令卵泡成熟，變成卵子，然後將卵子排出，送往輸卵管。

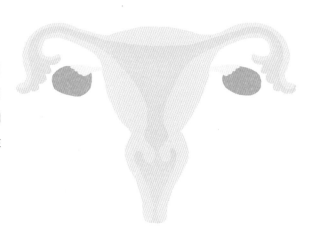

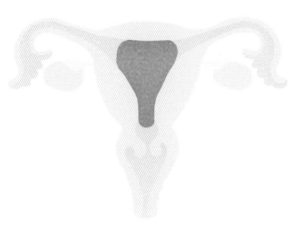

子宮 Uterus

　　子宮的形狀像個倒過來的梨，上端左右兩側連接兩條輸卵管，下端連接陰道。當懷孕後，小寶寶就是住在媽媽的子宮內孕育着，慢慢成長，直到出生。

　　子宮十分能屈能伸，妊娠到最後期，包住胎兒、胎盤、羊水等等，可以增大到原本的100倍！當嬰兒出生後，又會慢慢縮小、恢復。很厲害吧！

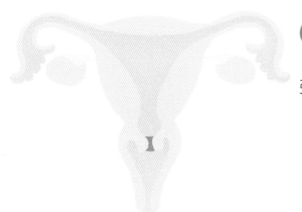

子宮頸 Cervix

　　在分娩時，子宮開始收縮，子宮頸會慢慢擴張，直到10厘米，足以讓胎兒通過。

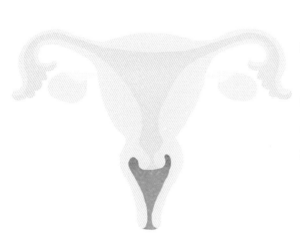

陰道 Vagina

　　如果你是自然分娩而出生的，你就是從媽媽的陰道生出來的了。平日的陰道並不大，但在嬰兒出生的時候，可以放鬆到足以給小寶寶經過，是不是非常神奇？

男性的身體

陰莖 Penis

陰莖是男性的性器官，分別有小便、性交及讓精子出來（射精）等不同的功用。

尿道 Urethra

男性的尿道，會用來小便，同時是精子離開身體的必經管道。

輸精管 Vas Deferens

輸精管就是專為精子而起的馬路，是輸送精子的管道，也是精子要離開身體的必經路徑。

睪丸 Testicles

精子是從哪裏來的呢？原來它們要靠睪丸製造。男性共有兩顆睪丸。

精子 Sperm

精子形狀像小蝌蚪，可分成頭部、身體及尾巴三部份。

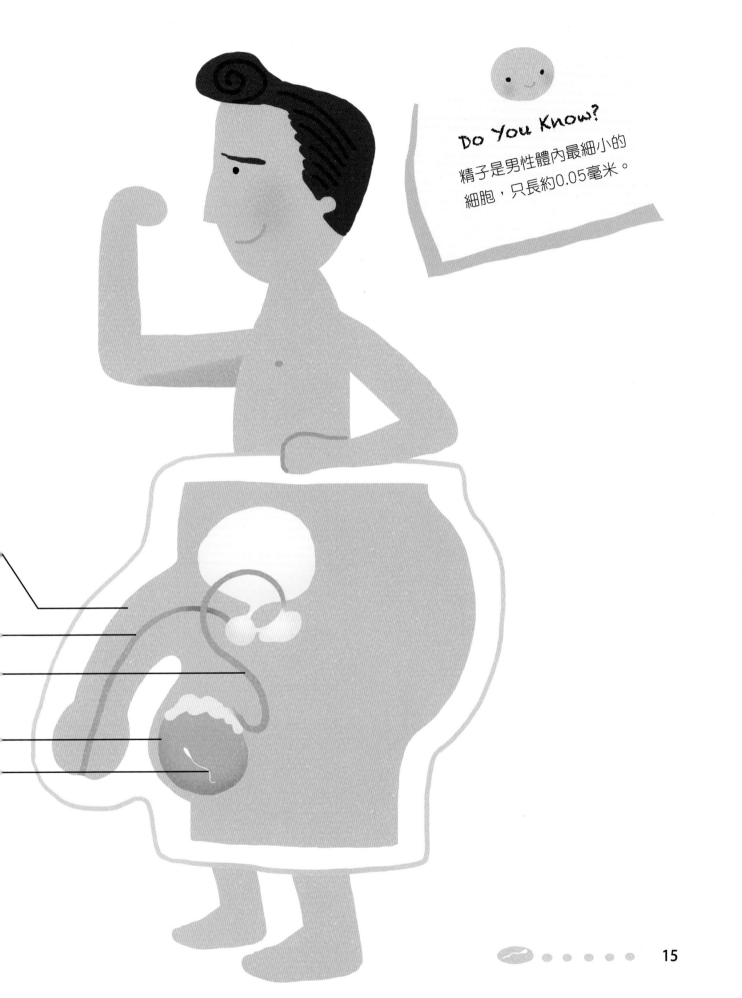

Do You Know?

精子是男性體內最細小的
細胞，只長約0.05毫米。

男性的身體

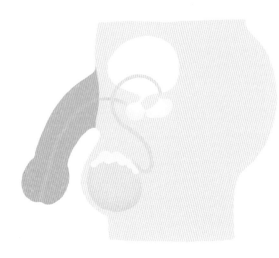

陰莖 Penis

陰莖的頂端有個小小的洞，叫尿道口。聽到名字，你是不是已經猜到它的功能？對啦，男孩子用陰莖來小便。因為陰莖在身體外面，男孩子小便時可以拿着它控制方向，所以男性可以站立小便。

另外，精子亦是從陰莖頂端的尿道口走出來的。在性交時，就是陰莖進入陰道，再把精子送入女性身體內去找卵子，製造新的小生命。因為有陰莖，精子及卵子有機會見面及結合，才會有了我們。

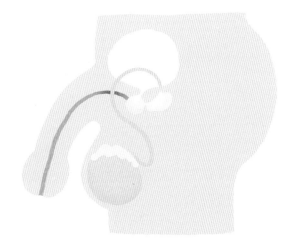

尿道 Urethra

雖然男性的尿道既有排尿又有射精的功能，但因不同肌肉的收縮及舒張，射精及小便並不會同時發生。人體構造真的很精妙。

輸精管 Vas Deferens

輸精管長約30-50厘米，是專門為傳送精子而設的管道。當精子準備離開身體，會先經過輸精管，再進入尿道，最後經過尿道口射出。

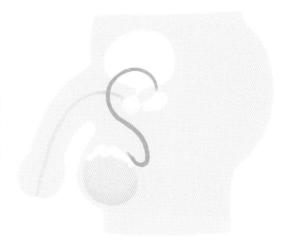

睾丸 Testicles

當睾丸成熟，便可以製造精子了。健康的成年男性每天可製造數千萬至一億條精子，而每條精子的成長期要歷時數十天。成熟的精子會暫時儲存於附睾內。

小男孩的睾丸並不製造精子。到了青春期開始發育（男孩子一般10-14歲開始步入青春期），睾丸就會成為「精子製造廠」，努力地生產精子。

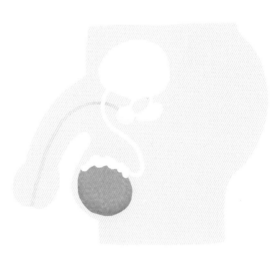

精子 Sperm

精子頭部內含細胞核，儲存着爸爸的遺傳因子。細長的尾巴是為了可以快速游動前進，它是精良的游泳健將。

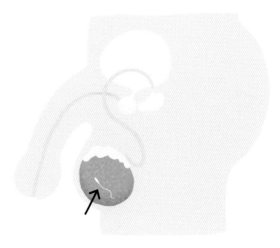

了解身體後，讓我們看看生命是如何誕生的。

生命故事的開端

2

生命的起源

性交 Sexual Intercourse

精子們要怎樣才能與卵子相遇？原來當一對成年男女相愛時，會以不同的行為表達愛意，他們會互相傾訴、牽手、擁抱、親吻；而當中最親密的行為就是性交。在互相同意的情況下，男性會把陰莖放到女性的陰道內，精子們就是趁這時游進女性的體內去尋找卵子。

嬰兒的出現需要精子和卵子的結合，但是本來住在男性體內的精子和女性體內的卵子要怎樣才能相遇？讓我們一起來了解更多吧！

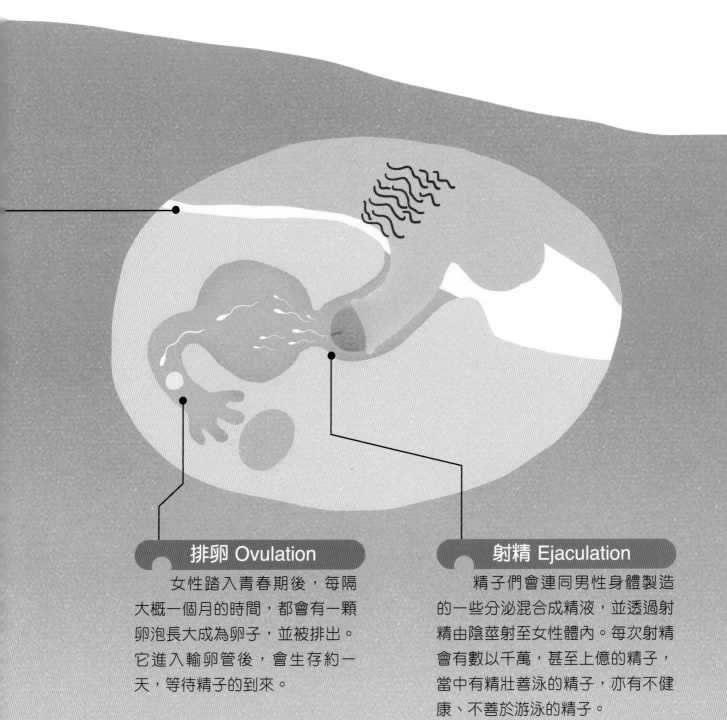

排卵 Ovulation

女性踏入青春期後，每隔大概一個月的時間，都會有一顆卵泡長大成為卵子，並被排出。它進入輸卵管後，會生存約一天，等待精子的到來。

射精 Ejaculation

精子們會連同男性身體製造的一些分泌混合成精液，並透過射精由陰莖射至女性體內。每次射精會有數以千萬，甚至上億的精子，當中有精壯善泳的精子，亦有不健康、不善於游泳的精子。

精子大冒險

受精過程 Fertilization

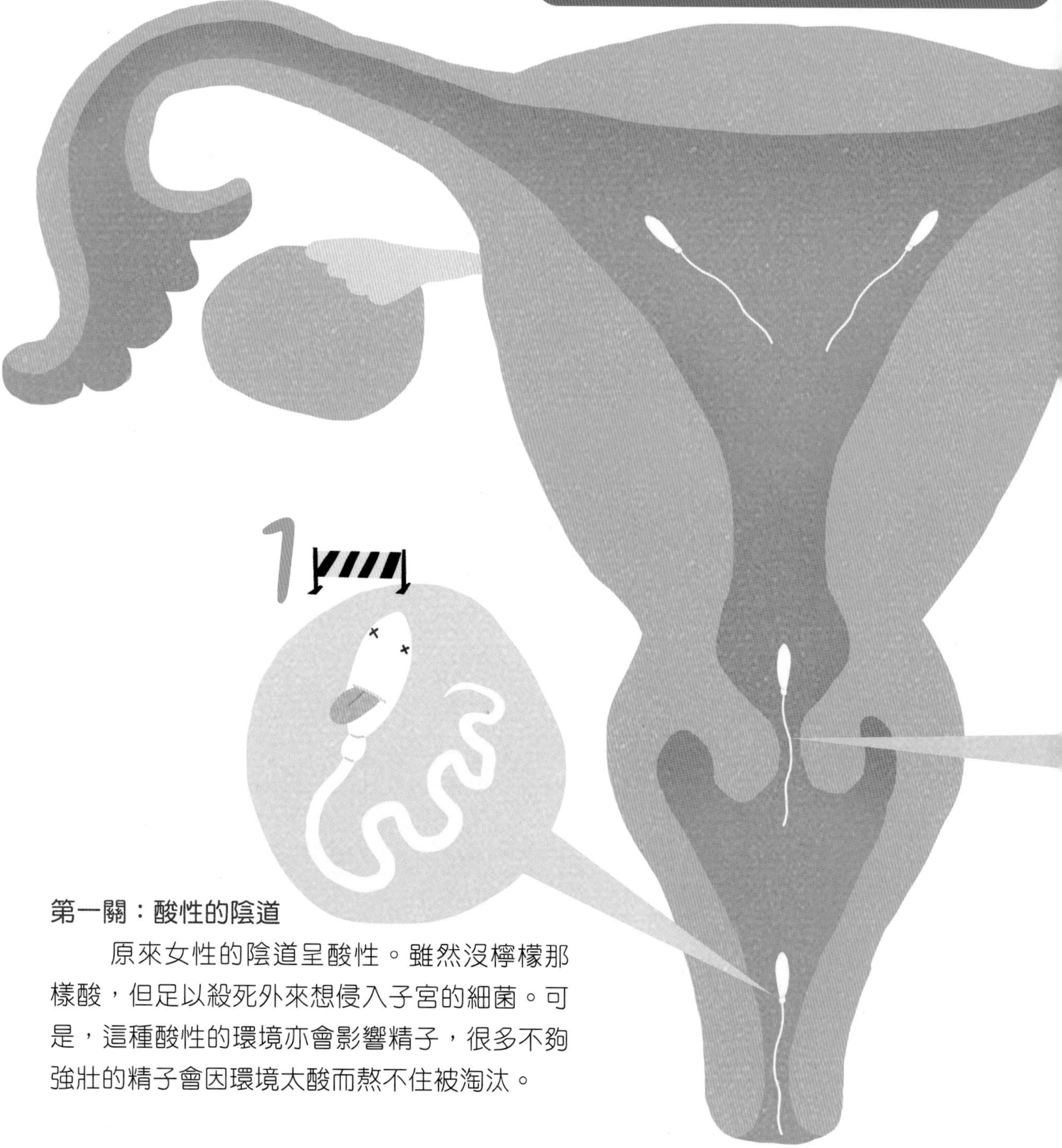

第一關：酸性的陰道

　　原來女性的陰道呈酸性。雖然沒檸檬那樣酸，但足以殺死外來想侵入子宮的細菌。可是，這種酸性的環境亦會影響精子，很多不夠強壯的精子會因環境太酸而熬不住被淘汰。

每個月只會有一顆卵子被排出，而且只會存活一天。精子需要盡量把握時間尋找卵子。然而即使精子能夠進入女性體內，仍需要經過多重關卡，才能有機會成功找到卵子並和它結合。齊來看看精子尋找卵子的這趟旅程有多驚險！

第三關：輸卵管捉迷藏

即使精子們成功進入子宮，還需要與卵子玩一場捉迷藏，看看這個月的卵子究竟會在左右哪邊的輸卵管。如果選錯方向，便會喪失比賽資格。

最後只有最強壯、最聰明的那一條精子才能成功找到卵子並與其結合，成為受精卵。

第二關：子宮頸的守衛

成千上萬條的精子經過了酸性的陰道後，便會抵達子宮頸。但是，要進入子宮不是那麼容易的事。子宮頸佈滿黏液，這些黏液就像是守衛般，幫忙過濾一些有問題的精子，確保能進入子宮的都是健康的小伙子。

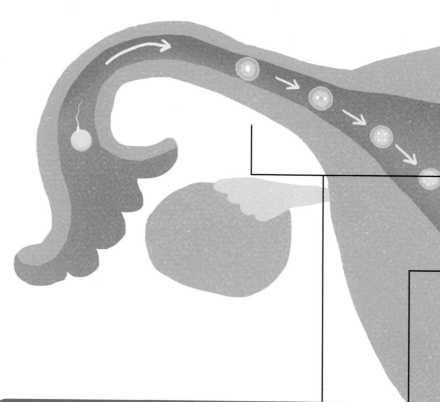

七天之旅

細胞分裂 Cell Division

　　當精子和卵子結合便會成為受精卵，受精卵會不斷分裂，由一個受精卵分裂成兩個完全相同的細胞，再由兩個細胞分裂成四個，由四個分裂成八個，如此類推，直至成為超過一百個細胞的細胞團。

着床 Implantation

　　由受精卵分裂成為細胞團約需要一星期的時間，在這趟旅程中，受精卵會一邊分裂，一邊沿輸卵管緩緩下滑至子宮，最後黏在子宮壁着床，並慢慢成長為胚胎，當胚胎再長大便會成為嬰兒。

受精卵由輸卵管移動到子宮着床需要大概7天的時間，在這一星期中究竟會有甚麼事情發生？

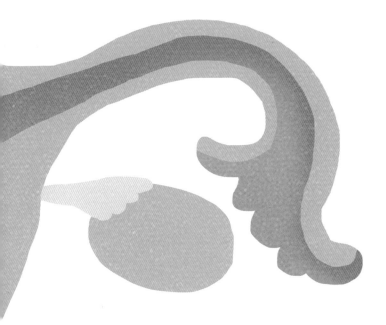

Do You Know?

有些人想生孩子，但因健康問題或其他因素，比較難，甚至無法懷孕。這時候，一些醫學技術能幫忙增加他們懷孕的機會。

人工受精 IUI (Intrauterine Insemination)

醫生在取得精子後，再篩選出健康強壯的，把它們直接放入子宮，以減少精子在旅程中需要經歷的關卡、增加成功受精的機會。

試管嬰兒（體外受精及胚胎移植）IVF (In Vitro Fertilization)

醫生取得健康的卵子和精子，用人工方式結合成為受精卵。當受精卵被培養成為胚胎後，再把胚胎移植於子宮內，看看它能不能成功在子宮壁着床成長。

獨一無二的你

染色體 Chromosome 和 DNA（去氧核糖核酸）

原來人的性格和身體特徵由DNA內的遺傳因子所決定，而DNA就藏在人體的無數個細胞當中。

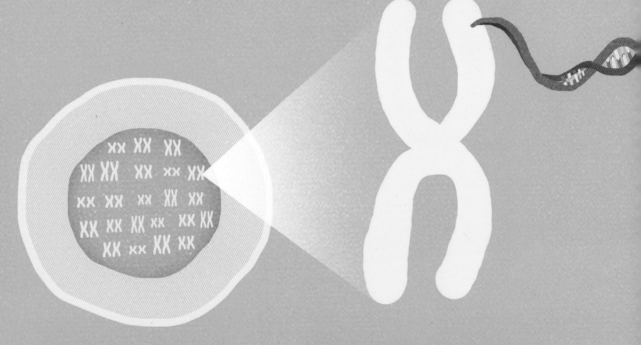

每個細胞均有23對（即46條）染色體。

每條染色體都由一串DNA鍊所組成。而在這條DNA鍊當中，收藏了許多的遺傳訊息，決定了我們的頭髮顏色、指甲形狀、身高比例及性格特徵等。

即使每個人均是由精子和卵子結合而來，但是性別、身高、體型、樣貌、性格等都各有不同，這到底是為甚麼呢？又為何我們跟家人會樣子相像？

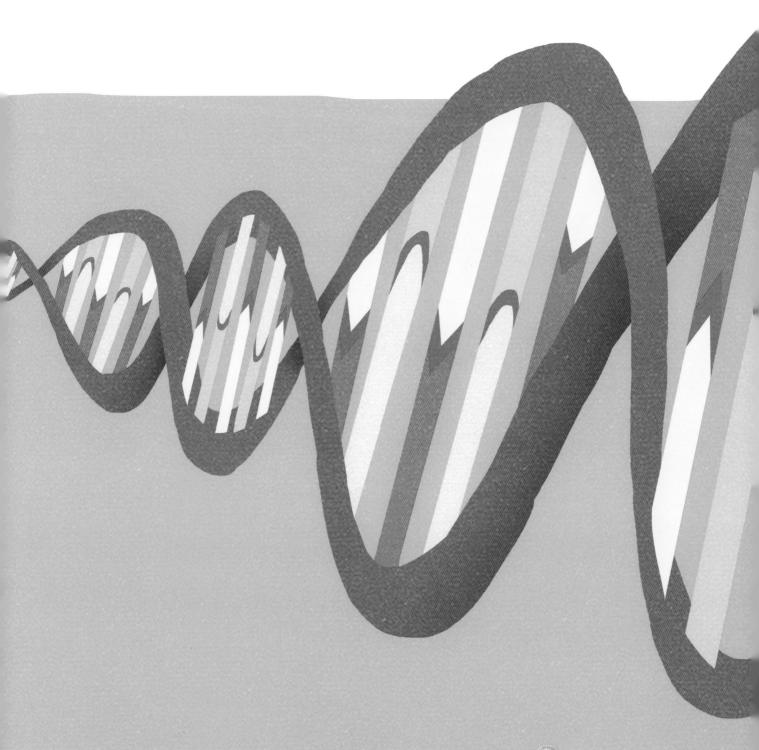

獨一無二的你

生命的起源

精子帶有23條染色體，裏面藏着來自爸爸的DNA。

卵子帶有23條染色體，裏面藏着來自媽媽的DNA。

當精子和卵子成功結合後，便會成為一顆擁有46條染色體的受精卵。

性別 Sex

決定我們性別的重要條件就是「性染色體」。女性的性染色體是XX，男性的性染色體是XY。而精子和卵子分別帶有23條的染色體當中，各有一條是性染色體。

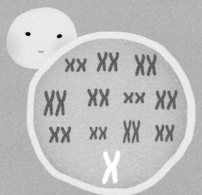

卵子帶有X性染色體

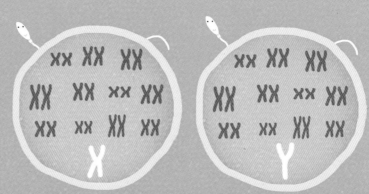

精子有兩種，有些帶有X性染色體、有些有Y性染色體

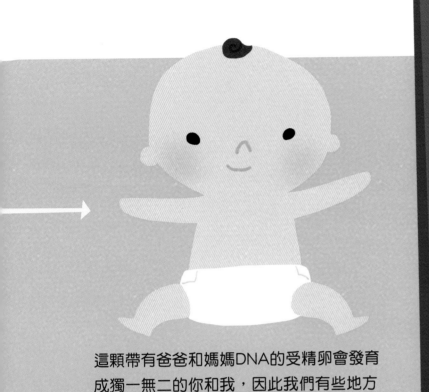

這顆帶有爸爸和媽媽DNA的受精卵會發育
成獨一無二的你和我，因此我們有些地方
會像爸爸，也有些地方會像媽媽。

Do You Know?

雙性人 Intersex

有些情況，受精卵的性染色體組合不局限於XX（女性）或XY（男性），出生的嬰兒可能性器官跟平常人不同，身體並不符合男性或女性的典型框架，他們會被稱為雙性人。

如帶有X性染色體的精子和卵子結合，嬰兒的性別便會是女生(XX)。

若卵子與帶有Y性染色體的精子結合，那嬰兒的性別便會是男生(XY)。

一模一樣的嬰兒

同卵雙胞胎 Identical Twins

同卵雙胞胎的嬰兒長得非常像，而且必定性別相同，因為他們是由同一顆受精卵分裂出來。

受精卵

分裂成兩個帶有相同DNA的細胞

異卵雙胞胎 Fraternal Twins

異卵雙胞胎的嬰兒在樣貌特徵上不一定很像，亦可能是「龍鳳胎」（即一男一女）。

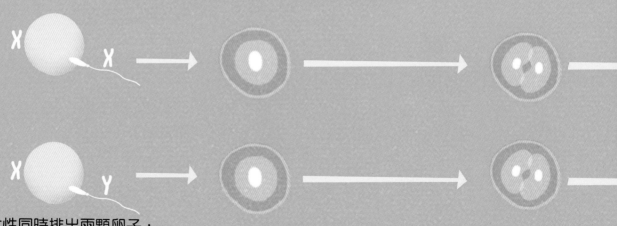

女性同時排出兩顆卵子，
兩條精子分別與卵子結合
成兩顆受精卵

雙胞胎 Twins

　　懷孕同時孕育兩個嬰兒，稱為雙胞胎。雙胞胎未必等於樣貌會完全一樣，皆因雙胞胎有不同的形成原因：

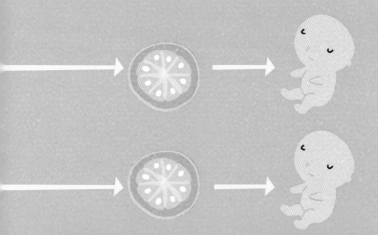

因此，雙胞胎即使樣貌相似，仍然是兩個獨一無二的人。

兩個細胞再各自分裂成DNA有些微差異的細胞團，並發育成兩個胎兒

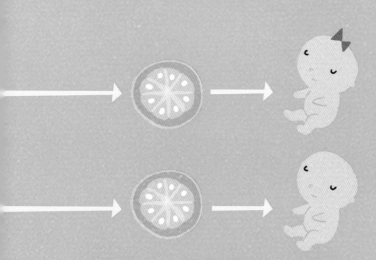

　　一般情況下，女性每個月只會排出一顆卵子。但若同時排出兩顆或以上的卵子，又同時受精及着床的話，便有機會發展成為異卵雙胞胎或多胞胎。

兩顆受精卵分別經歷細胞分裂的過程，並發育成兩個胎兒

1－4週

3 肚子裏的奇幻歷險

產前檢查 Antenatal Checkup

寶寶要在媽媽的肚子內成長40週，大概9-10個月，在這期間媽媽需要進行定期的健康檢查，如尿液、血液檢查、超聲波掃描等，監察自己和寶寶的健康情況。

這時的寶寶好像
條小蝌蚪。

■ 身長：不足1厘米
■ 重量：不足1克

這是寶寶的真實大小

超聲波掃描 Ultrasound Scan

透過超聲波掃描可看到未出世寶
寶的影像，而醫生亦會用以檢查寶寶
的位置及發育狀態。

5－8週

■ 身長：約3厘米
■ 重量：約4克

← 這是寶寶的真實大小

腦、心臟等主要器官開始出現，並開始長成人形了！

害喜反應 Morning Sickness

一般到了懷孕的第4-5週，媽媽會出現暈眩、噁心、反胃甚至嘔吐的症狀。這些症狀的嚴重程度、出現及消失的時間人人不同。害喜反應若太嚴重，可能會影響到媽媽及寶寶的健康，那樣的話便要看醫生。

9－12週

■ 身長：約9厘米
■ 重量：約15克

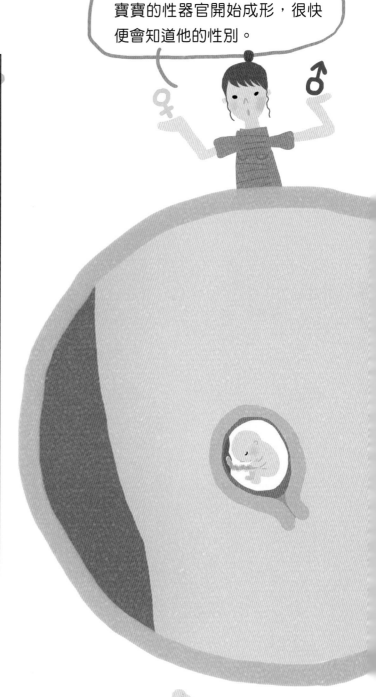

眼、耳、手腳開始製造出來。寶寶的性器官開始成形，很快便會知道他的性別。

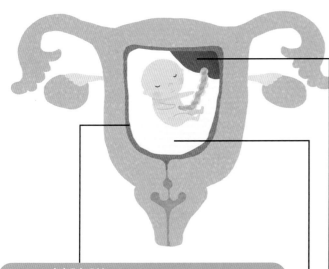

羊胎膜 Fetal Membranes

羊胎膜能防止細菌接觸寶寶，避免感染。據說，它被稱為羊胎膜是因為小羊出生時也被這樣的膜所包着。

羊水 Amniotic Fluid

羊水可保護胎兒避免受碰撞，並保持溫度，令寶寶能在胎膜內浮游及活動。

胎盤 Placenta

胎盤在第9-12週開始形成，像一個暗紅色的圓形軟墊，連着臍帶和羊胎膜，滿足寶寶所有生長的需要。

■ 身長：約25厘米
■ 重量：約300克

嬰兒已經有聽覺，亦會開始動來動去。

肚子裏的奇幻歷險

臍帶 Umbilical Cord

它負責連接寶寶和胎盤，一方面會經由血液把來自媽媽的氧氣和營養供給寶寶；另一方面亦會把寶寶不要的二氧化碳和垃圾帶走。

Do You Know?

飲食的重要

由於寶寶的成長需要很多營養，媽媽一定要注意均衡飲食。媽媽身體吸收東西都會經胎盤輸送給寶寶，故千萬不要吸煙飲酒，以免把有害物質傳給寶寶，影響生長。

25－28週

- 身長：約35厘米
- 重量：約1,100克

聽覺已經很發達，並開始會眨眼。

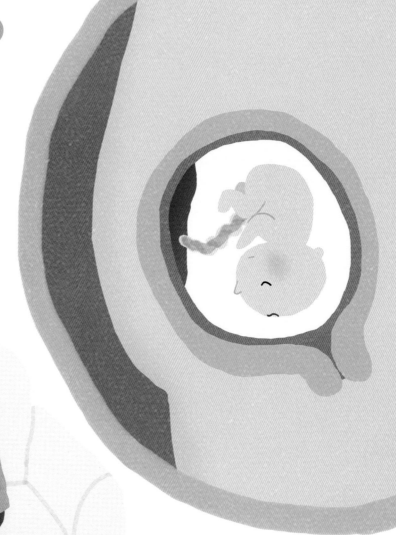

胎動 Fetal Movement

胎動是胎兒在肚中健康地活動。一般懷孕20週，媽媽已會感覺到寶寶在動。到了第28週，寶寶會變得更活躍，如踢腳及滾動等，亦會有靜下來或睡覺的時候。胎兒睡眠週期大概20－40分鐘，一般不會多於90分鐘。如果胎動突然大大減少，就應找醫生做進一步的檢查。

３３－３６週

■ 身長：約45厘米
■ 重量：約2,000克

對強烈的聲音及光線有反應，並已出現表情。

肚子裏的奇幻歷險

胎位 Position

大部份寶寶在第36週，頭部會轉為朝着下方媽媽的盆骨方向，尋找出生的位置。

Do You Know?

胎位不正 Malposition

如果到了第36、37週，寶寶的頭繼續朝上、腳或臀部向下的話便可能要剖腹生產。

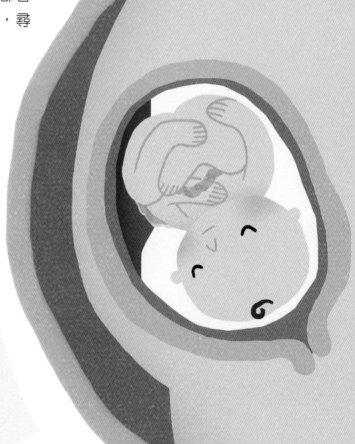

37－40週

- 身長：約50厘米
- 重量：約3,000克

一切就緒，準備要出世了！

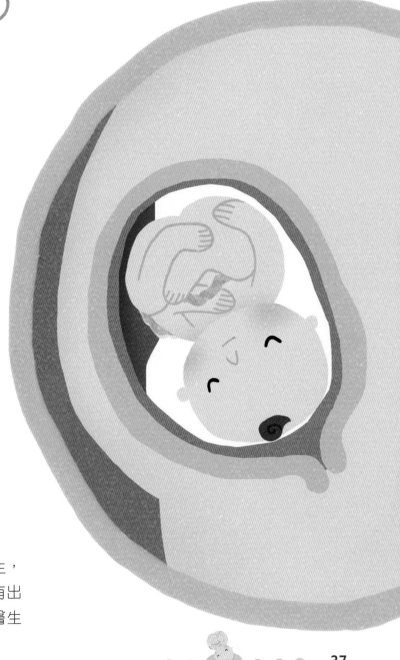

過了40週還不出生，可以嗎？

寶寶在37週到41週這段時間出生，都屬於正常現象。如過了41週還沒有出生的跡象，為了保障寶寶的健康，醫生就會考慮以藥物來催生。

成長的困難

驚險的旅程

有個說法是，每個小寶寶由孕育至出生，均是個「平凡的奇蹟」。「平凡」在於每天都有嬰兒健康地誕生；但其實懷孕和生育是個非常複雜的過程，每一步都可能遇到障礙。感恩大部份嬰兒可順利來到這世界，但並非每個孕期都如此平安。到底媽媽及寶寶可能遇到甚麼困難呢？

38

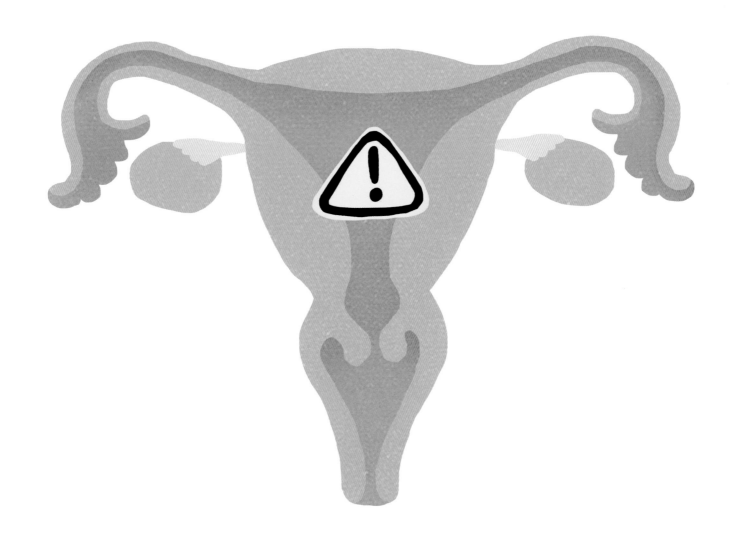

宮外孕 Ectopic Pregnancy

　　又稱異位妊娠，是指胎兒生長在子宮外的地方，如輸卵管內、卵巢、子宮外等等。因位置不當，當胚胎慢慢長大會壓迫媽媽的器官，造成疼痛，甚至內出血。一旦出現宮外孕，多數需要透過手術取出。

葡萄胎 Hydatidiform Mole

　　我們知道當精子及卵子結合後，便會開始細胞分裂，長成胚胎。若在這階段胎盤的絨毛細胞不正常增生，形成了大大小小相連成串的水泡，看上去有點就像一串葡萄，被稱為「葡萄胎」，那就要進行治療將葡萄胎組織移除。

媽媽的風險

妊娠糖尿病 Gestational Diabetes Mellitus

懷孕期間，身體產生的激素與專責處理食物醣份的胰島素相互抵消了，於是造成妊娠性糖尿病。

妊娠性糖尿多是在懷孕中段發生，為此建議懷孕24-28週的媽媽去作血糖測驗。妊娠糖尿病如控制不當，對孕婦及胎兒都有危險，可能影響胎兒的發育，甚至導致胎兒早產或死亡，絕不可掉以輕心。

如真的患上，也不用太擔心，只要注意飲食，定時監測血糖，留意體重的變化，配合運動及聽從醫生的治療建議。大部份妊娠性糖尿的媽媽，都可以安然渡過。

妊娠毒血症 Pre-eclampsia

妊娠毒血症並不常見，然而一旦發生，卻非常嚴重。它可病發於懷孕中、後期，或剛生產後。假如媽媽本身有糖尿病、高血壓或紅斑狼瘡、懷有雙胞胎或多胞胎、體型肥胖、近親有過妊娠毒血症等，發病的機率會比一般人高。

在檢查時，若發現嚴重水腫、高血壓、小便中發現蛋白質，又伴有嚴重頭痛、視力模糊或出現閃光等，一定要立即見醫生。妊娠毒血症能危害孕婦及胎兒，甚至引起痙攣、導致肝、腎、肺衰竭、凝血問題或死亡！

媽媽的風險

流產 Miscarriage

當胚胎或胎兒仍未完全成長，卻在媽媽腹中自然地死亡，就是流產。在懷孕早期，約百分之十五至二十的早期懷孕會自然流產，多因為胚胎本身不健康。孕婦本身的健康狀態及生活習慣（如吸煙、飲酒等），亦有可能會引起流產。

對準備迎接新生命的準爸爸媽媽來說，流產可能會造成很大的失望及打擊。多數的流產是個自然的過程，並不能預防，也不是任何人的錯。假如遇上，可與醫生詳談了解原因，慢慢恢復心情。

早產 Premature Birth

早於37週之前嬰兒就出生，便屬早產。為何會發生各有不同原因。如媽媽有糖尿病、高血壓、懷多胞胎等，都會增加早產風險。早產兒可能會有腦性麻痺、發展遲緩、聽力與視力障礙等危機，越早出生則風險越大，死亡率亦越高。

難產 Obstructed Labour

當媽媽在自然分娩時，子宮正常收縮，生產卻遇到障礙，例如胎兒太大、體位異常出不來等，便是「難產」。這過程中，最擔心就是胎兒會缺氧，造成腦部或健康受損，甚至死亡，媽媽也可能會產後出血、子宮破裂及受感染。遇上時，醫生可能需要以剖腹來生產，或是其他方式來協助媽媽。

接收到出生的訊號！

5

寶寶出來了

原來在寶寶準備出生前，會有一些訊號讓媽媽知道：我是時候要出生了！

 訊號一：陣痛 Contractions / Tightenings

子宮為寶寶的出生做準備，開始有規律地收縮。每次子宮收縮都會使媽媽的下腹出現疼痛。子宮收縮的次數會越來越多，時間也會越長。這種疼痛的感覺要在寶寶出生後才停止。

>訪問你的媽媽：當時她的感覺如何？

 訊號二：見紅 A "Show"

陰道有少量夾雜粉紅色或棕色血絲的黏液流出。這說明子宮頸已擴張，是即將分娩的明顯訊號。不過，寶寶不會立刻出來；有的會在見紅後幾小時內出生，有的則會在幾天後才出生。

>訪問你的父母：他們可還記得，你是在見紅後多久才出生的？

訊號三：穿水 The Waters Break

寶寶在媽媽肚子內時，被羊胎膜和羊水保護着。到快要出生時，羊胎膜會自動破裂，羊水也會不自控地流出。因此，當陰道有透明的羊水流出來時，代表寶寶快要出生。

這些訊號的出現並沒有先後次序，也可能同時發生。一旦爸爸和媽媽收到「陣痛、見紅、穿水」這三個訊號的其中一項，便要進醫院作分娩的準備。

>爸爸在做甚麼？

媽媽快分娩了，這時爸爸也絕不空閒，他需要為媽媽打點入院的準備，也要一直陪伴和安撫媽媽，協助她紓緩緊張及痛楚。

分娩的方式

抵達醫院後，醫護人員會為媽媽和寶寶進行檢查，等待子宮頸慢慢擴張，直到可以讓寶寶通過才開始分娩。這個過程需要的時間因人而異，一般約為8至12小時。

陰道分娩 Vaginal Delivery

寶寶在分娩前已經頭部向下，才能更順利採用陰道分娩。通過子宮有規律的收縮及媽媽的努力，寶寶會首先通過子宮頸，並經由陰道出生，來到這個世界。

嬰兒出生時，頭部會首先產出，然後肩膀、胸部、臀部及雙腳會順序產出。如有需要，醫生會採用儀器幫助媽媽產出寶寶，例如真空吸引術及產鉗等。

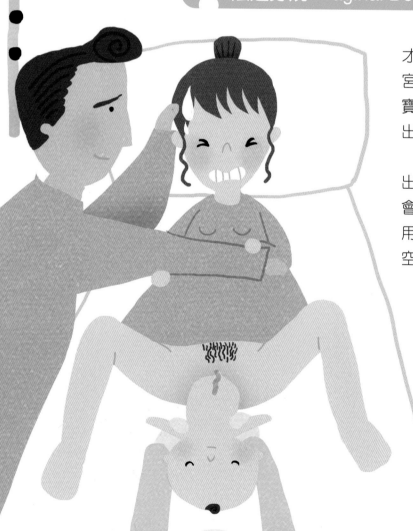

剖腹產 Cesarean Section

根據寶寶的生長情況及媽媽的身體狀態，醫生或會建議採用剖腹生產，即是用手術把寶寶取出來。醫生會先為媽媽麻醉，肚皮進行消毒，沿肚皮的底部打開腹部的皮膚、肌肉層及子宮，取出寶寶後，再把傷口縫合。

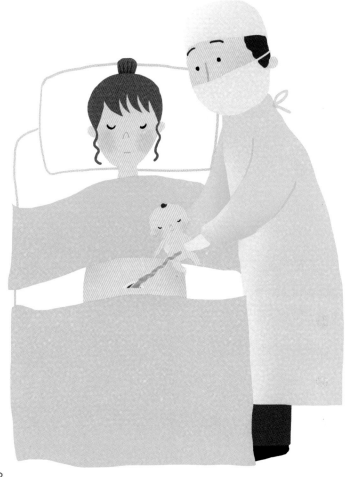

>訪問你的父母：你是用哪種方法出生的？

聽說生小朋友十級痛，會不會捱不住？

由於分娩時，子宮會不斷收縮把寶寶推出來，這過程會令媽媽感到十分疼痛。每人對疼痛的感覺和忍受程度都不同，故每位媽媽選擇的減輕痛楚的方式也會不同，以下就列了幾種常見的止痛法：

- 控制呼吸
- 到處走走，轉換一下姿勢
- 爸爸陪伴一起生產，給予精神上的支持
- 吸入止痛氣體（俗稱笑氣）
- 無痛分娩（即在背部位置注入局部麻醉藥物）

辛苦每一位媽媽了。

寶寶剛出生時的產房

剪臍帶

　　出生時，寶寶的身體仍然連着臍帶及胎盤。醫護人員會用夾子夾着臍帶的兩端，截斷血液的流動，剪斷臍帶。有一小段的臍帶會留在寶寶的肚子上，待出生後約10天便會脫落，變成肚臍。

>在香港，有些醫院可以讓陪產的爸爸親手剪臍帶。你們可以訪問一下爸爸，他有為你剪臍帶嗎？

產出胎盤

　　在寶寶出生後，醫護人員會按摩媽媽的子宮使它繼續收縮，一定要把胎盤也產出。如胎盤殘留在肚子內，會影響媽媽的健康。剖腹產的話，醫生會先替媽媽取出胎盤，才把傷口縫合。

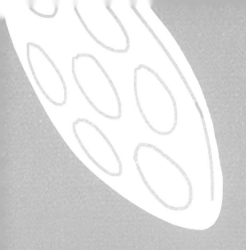

「寶寶出世了！」
分娩過程並非在寶寶出生後就立刻完結。
你看，產房內所有人都忙得不可開交呢。

第一次呼吸

剪去臍帶，寶寶便要靠自己呼吸。剛出生的嬰兒身上會黏着羊水及血跡等，全身都滑溜溜的（你有徒手摸過生的魚嗎？就像是那種感覺）。醫護人員會抹乾淨嬰兒並清除鼻子內的液體，寶寶便可以自己用鼻子吸第一口氣了。

Do You Know?

臍帶血 Cord Blood

儲存在胎盤及臍帶內的血液就是臍帶血。以前它只被視作醫療廢物棄置，但科學家發現這些血液含幹細胞，能醫治很多不同的疾病，因此現在有不少父母選擇保留臍帶血，把它冷凍起來，留待日後有需要時使用。

初來報到

照顧初生小寶貝

6

小寶寶出生了！

離開了媽媽昏暗溫暖寧靜的子宮，世界變得太亮、太冷、太吵。這對一個初生嬰兒來說，是很大的衝擊及轉變。家人要好好留意小嬰兒是否適應良好、得到恰當的照顧。

50

初生 New Born

皮膚皺 Wrinkly Skin：

　　小寶寶一出生大都是皺皺巴巴的，皆因之前一直泡在羊水中。如果我們泡在水中多個月，相信也一樣吧。幾天後，初生嬰兒就會「收水」，皮膚變得光滑。

健康 Health：

　　新生兒在出院前已作了常規身體檢查，以確保健康狀況良好。初生嬰兒除了吃奶，其餘時間幾乎都在睡覺。他們的心跳次數比成人多，體溫也比成人高一點，身體迅速成長，一個月可長5厘米，體重增加1公斤。被剪了的臍帶要定期清潔，直至脫落。

視力 Vision：

　　小寶寶一出生，並未可以分辨顏色，視力亦只可以看到30厘米內的東西。但嬰兒可以從氣味、聲音等知道誰是媽媽或照顧者。

胎便 Meconium：

　　大家是否知道，我們的第一泡大便，是墨綠色的！那是由胎毛、胎脂、羊水、膽汁等等組成的胎便。嬰兒開始吃奶，幾天後，大便就會變成我們熟悉的棕黃色了。

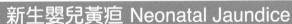

新生嬰兒黃疸 Neonatal Jaundice

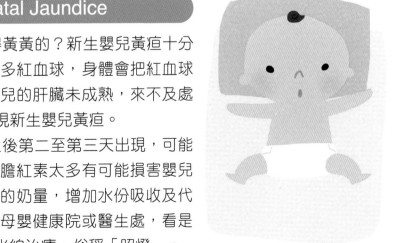

　　為何寶寶皮膚及眼白會變得黃黃的？新生嬰兒黃疸十分常見，當嬰兒出生後不需要那麼多紅血球，身體會把紅血球分解而產生膽紅素。由於初生嬰兒的肝臟未成熟，來不及處理一下子出現的膽紅素，便會出現新生嬰兒黃疸。

　　新生嬰兒黃疸一般會在出生後第二至第三天出現，可能在兩至三個星期自然消退。但若膽紅素太多有可能損害嬰兒的腦部。所以寶寶一定要吃足夠的奶量，增加水份吸收及代謝。為安全計，應盡快帶寶寶到母嬰健康院或醫生處，看是否需要進一步檢查或治療，例如光線治療，俗稱「照燈」。

初來報到

腦囟 Fontanelles

有沒有聽過長輩說：「腦囟都未生埋」？人的頭骨由幾塊骨頭組成，嬰兒在出生時頭顱骨之間有縫隙，令頭顱保持彈性，更易經過媽媽的產道而出生。而腦囟，就是四塊頭骨的交匯之處。用手撫摸初生寶寶的頭頂位置，因頭骨未完全閉合，可能會感覺到嬰兒腦部在跳動。一般嬰兒囟門會在12個月至18個月時閉合。

胎脂 Vernix

一些寶寶出生時，身上帶有些白白像油膏又像蠟的東西，這些就是胎脂。胎脂可保護長期泡在羊水的胎兒皮膚，亦有保暖潤膚的作用。並非每個寶寶都帶着胎脂出生，多數早產的嬰兒胎脂較多。

哭泣 Crying

嬰兒自出生便會哭。為甚麼哭呢？初生嬰兒離開媽媽的身體，需要自己呼吸，開始哭，是張開肺部，第一次自己吸氣、呼氣。

哭聲也是不懂說話的小嬰兒表達自己的方式。家長聽到嬰兒啼哭，要判斷一下，小嬰兒有甚麼需要？可以如何安撫？是餓了？睏了要睡覺？尿片濕了、衣服刺肉不舒服？身體不適？自己躺得太悶了想人逗？啼哭是嬰兒其中一個重要的溝通方式，家長一定要細心留意。

頸無力 Wobbly Head

新生嬰兒像是軟軟的一團東西，脖子沒辦法支撐自己的頭。當抱住小嬰兒時，一定要注意撐好他們的頭頸；放下新生兒時，亦必須保證托住頭部。3個月後，頸就會漸有力，也開始可以自己轉頭。

初來報到

哺乳 Breast Feeding

初生嬰兒再沒胎盤及臍帶輸送所需的營養，終於要自己開口吃東西。嬰兒消化道尚未發育成熟，只能吃母乳或專門為嬰兒調配的配方奶，不用喝水，更不可以隨便哺餵成人的食物。吃奶不但可以消除肌餓，還會為嬰兒帶來本能的滿足和愉快。頭一個月，嬰兒每隔2至4小時便要吃一次奶，照顧者真是忙不過來呢。

母乳，即是媽媽生產後乳房產生的乳水，是最適合初生嬰兒的食物，有嬰兒所需要的營養、熱量及水份，更含有抗體可增強初生兒的免疫力，令他們沒那麼容易生病。餵奶的過程因為親密的身體接觸，也有助媽媽及嬰兒的感情。吃奶時，嬰兒可含着母親的乳頭吸吮，媽媽也可預先擠出來再用奶瓶來哺餵。

無論是吃母乳、混吃母乳及嬰兒配方奶，或只是吃配方奶，小寶貝都一樣可以健康成長。

尿尿便便 Pee Pee Poop Poop

嬰兒一天多次吃奶，也會多次大小便。濕了的尿片會令他們不適大哭，甚至長疹，故要勤換勤清潔。初生小寶寶一天平均需要換12次尿片！數量很驚人吧。如數量太少，可能是吃奶不足。幸而隨着寶寶的成長大小便次數亦會慢慢減少。家長亦可從大小便的份量、顏色及軟硬等來幫忙判斷嬰兒的腸胃健康狀態。

最美好的開始

除了生理的照顧，一個小嬰兒最需要的，就是陪伴及被愛。肌膚接觸令他們有安全感，常常看及抱着他們、對他們笑、跟他們玩及說話，讓他們在互動中接受不同的刺激，寶寶知道「自己是被接受的」，在愛及安全感下，展開自己的人生。

給親愛的你：

　　這本書就在這裏結束了，但你和我還有他和她的「生命之旅」才剛剛開始而已！

　　雖然我們每個人的外貌、膚色、個性、喜好、潛能等各有不同，但我們都是由最強壯、最聰明的那條精子，與健康的卵子結合，衝破重重的障礙，才能夠誕生於這世上的。因此，縱使有缺憾或不完美的地方，每一個生命的誕生均是個平凡的奇蹟，每個人都是如此的可愛而獨特，值得愛惜及尊重。

　　祝福大家健康又快樂地成長。

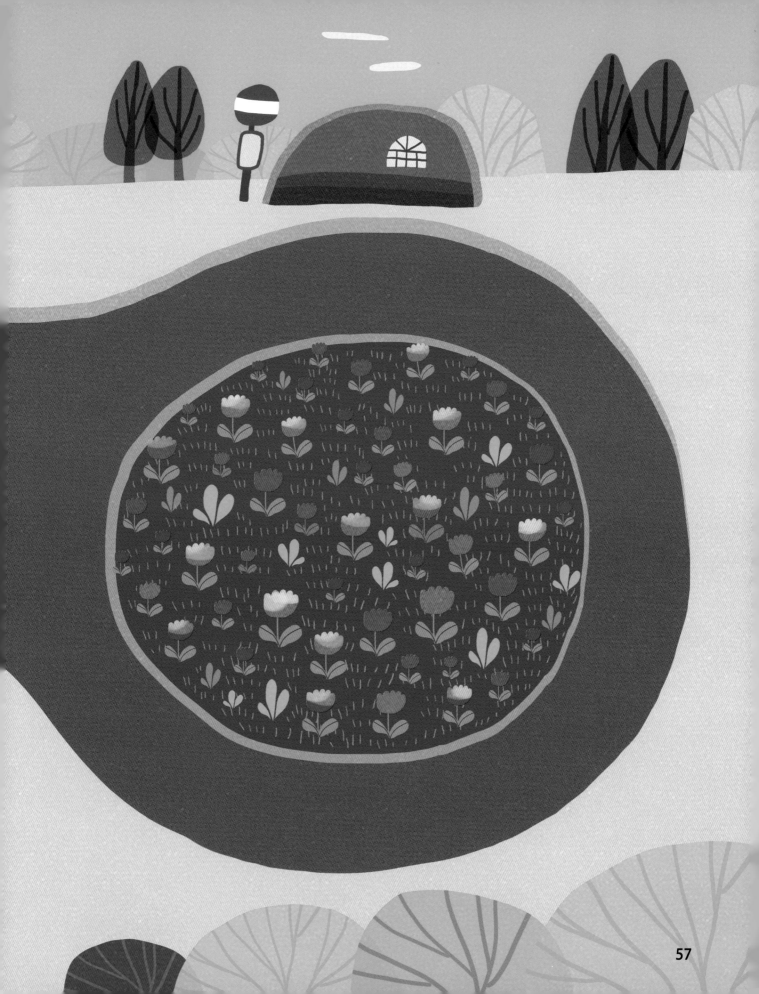

索引 Index

書　　名	最初的旅程：圖解小寶貝的誕生
作　　者	香港家庭計劃指導會教育組　周卉卉、連明誥
插圖、設計	姬淑賢
出　　版	小天地出版社（天地圖書附屬公司）
	香港黃竹坑道46號新興工業大廈11樓（總寫字樓）
	電話：2528 3671　傳真：2865 2609
	香港灣仔莊士敦道30號地庫（門市部）
	電話：2865 0708　傳真：2861 1541
印　　刷	亨泰印刷有限公司
	柴灣利眾街27號德景工業大廈10字樓
	電話：2896 3687　傳真：2558 1902
發　　行	香港聯合書刊物流有限公司
	香港新界荃灣德士古道220-248號荃灣工業中心16樓
	電話：2150 2100　傳真：2407 3062
出版日期	2021年11月／初版